LUXURY

龙涛 编 孙哲 译

家居空间
与
软装搭配

豪宅

HOME SPACE AND
INTERIOR DECORATION

辽宁科学技术出版社
沈阳

HOME

CONTENTS

金地西溪风华
洋房

▶ 新中式风格

室内设计师
马辉、麻景进（杭州易和室
内设计有限公司）

软装设计
韩舒、祝竞如（杭州极尚装
饰设计工程有限公司）

摄影师
阿光

面积
132m²

主要材料
橡木饰面、意大利灰大理石、
山水玉大理石、玫瑰金不锈
钢、夹宣玻璃、绢画、硬包等

项目地点
中国，杭州

杭州之美，不过三西：西湖、西泠和西溪。倘若，居于西湖之滨，在当代已然成为一种奢望，那么，西溪湿地，恰是繁华都会中，轻读杭城最深生活滋味的唯一遗存。岁月雍容，雅韵清风，带着些许情怀，追寻内心的声音，回归东方的闲情雅致。如果你也恰好拥有类似的文化中产品味，应该会中意易和、极尚为金地集团倾力打造的金地西溪风华洋房样板房。

随着生活水平的提高，都市精英们对品质生活的诉求也越来越高。人们不再一味地追求金碧辉煌的居室空间，更加注重在居所中找寻到一种令内心得以宁静而又不失品味的归属感。无论是刚需、改善或是豪宅，一直在努力地摸索市场的导向与转变，以便打造更符合市场定位和价值的产品。易和极尚联手打造的金地西溪风华洋房样板房正是这样恰到好处！标准化的品质精装，个性化的软装定制，巧妙地穿越了"家"和"样板间"两者的界限。设计改变生活，俨然也是设计创造价值的一种体现。

设计师关照不同的需求，不同的居室被赋予了不同的情性。主卧，于山山水水、月光竹林的隐士意境中，找到心灵的平衡和安宁。每个小男孩都有一颗"不安分"的心，设计师便投其所好以"西部牛仔"为设计主题为孩子编织出闯荡西部的小故事。聪明伶俐的小淑女，从小爱好"围棋"，将围棋元素注入空间。窗外的景色是书房的对景，视线毫无遮挡地从室内延伸至室外，空间也显得更加宽敞与明亮。挥洒禅韵抚琴来，高山流水觅知音。在书房的时光，是如此悠然自得。摆弄文玩，亦或沏一壶香茗，沉浸于此，让人回归内心，忘却尘嚣。设计师取意东方禅之"静"，旨在描画"静、色、形"一体元素的联想，并在整体设计中，将其转化为空间的氛围意境，加以现代的设计手法与细腻的材质表现，力求造就绝代风华的东方神韵与体贴入微的人文关怀，回归到人最自然的生活状态中。

平面图

装饰品陈设

餐厅的设计兼容了宴客礼仪和文人情怀，在灰色的基调中，璀璨的水晶吊灯洒下温馨的光影，设计师别出心裁地以写意山水画来装饰背景墙。

聪明伶俐的小淑女，从小爱好围棋。将围棋元素注入空间，娉婷起舞的彩蝶挂画、中式花艺摆件等传统元素以清秀低调的步子在简洁的空间中娓娓道来，可见设计师的匠心。

家具设计与材料使用

进入客厅，禅意东方的浓郁气息便迎面而来，令人内心得以平静。家具造型简约，采用棉麻、胡桃木、金属等材质打造空间内的气质元素，与香道饰品完美融合，收放自如地诠释了东方的精髓，让人备感上流社会的优雅与品味。气派的大理石圆桌、独家定制的餐椅与中国茶道在同一时空对话，隐喻独到的审美和非

凡的气度。

主卧，以蓝灰色为主调，于原木纹理的家具中，凸显着原始之美。卫生间，同一种语境下，设计师用不同方式细腻搭配材料，更多地发挥材料本身的属性。蓝绿撞色的山水画背景墙，选以琉璃材质打造，吊顶及门框镶嵌铝合金材质的包边，线条简洁，又不乏时尚感。

挼蓝

▶ 新中式风格

设计师
赵益平
（美迪赵益平设计事务所）

摄影师
美迪赵益平设计事务所

面积
100m²

主要材料
**定制木制品、进口黑色不锈
钢、墙布、黑镜、清波、丝
布刺绣、大理石、木地板等**

项目地点
中国，长沙

本案是复式楼，上下两层面积分别是 50 多平方米，上下两层高是标准的层高。业主希望用其做办公兼居住，需要一个宽敞的客厅和一个独立的书房。

设计创意上核心是通过大胆地运用蓝色作为连接空间的纽带和表达空间的特性，蓝色是一种梦幻般的色彩，给人清澈、浪漫的感觉。同时通过对中国民族文化元素加以分析提炼，将现代时尚的装饰语汇加以符号化和抽象化，使之符合现代人的审美观念，使环境既古朴典雅，又不失时尚感。传统与现代的有机结合，希望打造出一个穿越时空的家居空间。

设计师将一层作为公共待客空间，餐厅和厨房合并为一个空间，二层保留一间卧室，另一个房间作为独立的办公空间。

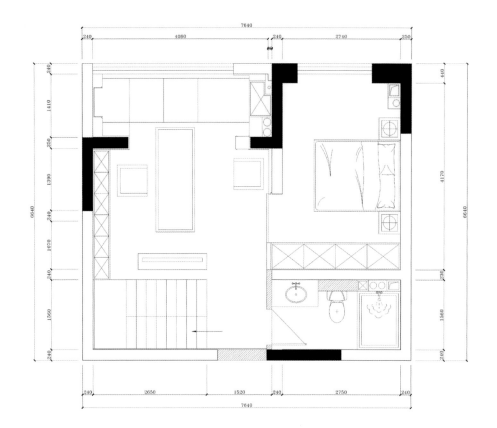

二层平面图

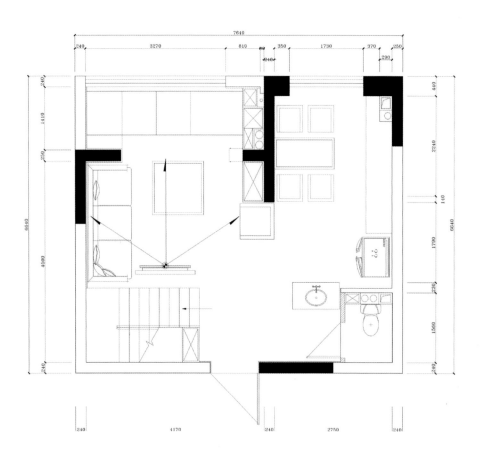

一层平面图

装饰品陈设

在简洁舒适的空间，到处都可以看到各种款
式的烛台，素雅的花艺，以及关于艺术、时尚、
建筑、文学的书籍。

家具设计与材料使用

主要用木皮染色，搭配亚光不锈钢（楼梯踏步、装饰架）以及蓝色刺绣和墙饰，让那一抹静谧的蓝色从中凸显而出，相互平衡。设计师还选择了黑镜能够让空间得以扩展，且硬朗时尚。

色彩搭配

蓝色在白色的映衬之下显得更加清新淡雅，赋予装饰味道，让喧嚣的心灵靠岸宁静的港湾，灰蓝为主色调的大胆运用，让人清爽的心情油然而生。

禅风
艺境

▶ 新中式风格

禅, 是一种生活境界; 禅, 又是一种受用, 一种体验。唯有行者, 唯证者得。禅本是静虑、止观的意思, 强调心灵的参悟, 它的最高境界乃是 "空", 让人追求心无挂碍的灵魂悟诗与禅结合。自有新境界出现, 即心与物交融而使美的情感与物象合一。"行深般若波罗蜜多时, 照见五蕴皆空", 也就是无我的时候, 一切烦恼与痛苦得到解脱, 继而在清净中获得大智慧。

家, 是一个温馨的地方。在这繁华的都市中, 人们希望它具有宁静的氛围, 来使得这个家变得安详惬意, 让人全身心得到伸展, 从而回归本性。"东方意境的禅风, 禅的意义就是在定中产生无上的智慧, 以无上的智慧来印证, 证明一切事物的真如实相的智慧, 这叫作禅。" 空间既是作为环境的烘托, 也是业主对人文的理解和态度。该项目户型建筑面积 154 平方米, 四室两厅居室, 户型方正, 使用率高, 大气通透, 开阔灵动。

设计师
设计公司: 李益中空间设计
设计团队: 李益中、范宜华、熊灿、关观泉、欧雪婷、李晴、叶增辉、胡鹏

摄影师
李益中空间设计

面积
154m²

主要材料
橡木地板、翅木饰面板、黑色拉丝不锈钢、白色人造石、白金沙大理石、墙纸、布艺硬包、园林木地板

项目地点
中国, 沈阳

4.450

平面图

装饰品陈设

客厅完美的对称，细腻简洁的线条，形似枯山水的地毯，以形写意，以意传情。东方禅风也非常符合艺术审美，它去繁从简，界面简洁大方。空间线条干净利落，柔中带刚，刚中带柔。

方正对称的空间布局，给整体带来更多的平衡及协调感。色彩温暖，灯光柔和，简单中彰显精致。

家具设计与材料使用

吧台半开放隔断强烈的秩序感，映衬画龙点
睛的造景艺术。餐厅正对着外景的大露台，
用餐时可观赏窗外美景，心情愉悦舒畅。

上海
恒大华府

▶ 新中式风格

设计师
司蓉（百搭园软装）

摄影师
百搭园

面积
279.06m²

主要材料
实木、地毯、布艺

项目地点
中国，上海

有学者研究当今消费者有独特的消费需求，更希望看到充满奇特想象力的表演方式，追求参与性、体验性、娱乐性的"审美消费"。一场精彩纷呈的演出是符合这种消费心理的，以混搭为表现方式的"折中主义"，在居室设计中也是如此。

"折中主义"手法讲求比例均衡，注重纯形式美，以历史先例为取法对象，不讲求固定的法式，重新解剖时间、空间、自然与人的关系，就不同材质、文化、地域、领域等看似不可能或矛盾性的元素进行一定秩序的搭配，形成具有个性特征的新组合体。

"海派文化"是折中主义的完美呈现，从各种外来文化中精炼出最值得借鉴的那部分，糅合传承下来，便成了今天上海的时尚优雅、兼容并蓄的文化特色。

上海恒大华府承袭海派文化的精髓，部分空间明显继承了传统的东方特色。从这个角度讲，他们的作品是中国的。然而，在表达上，百搭园作品却又是国际的，运用跨地域边界的折中主义手法。恒大华府位于上海黄浦内环正中央内，得天独厚的地理位置标注了其奢华的身份，浓厚海派文化沉淀的东方美正是这个居家的精髓所在，也奠定了其典雅奢华的宜居乐业地标。

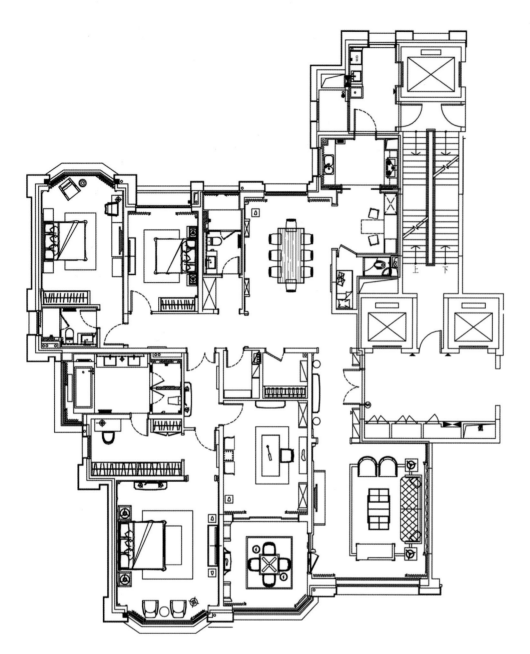

平面图

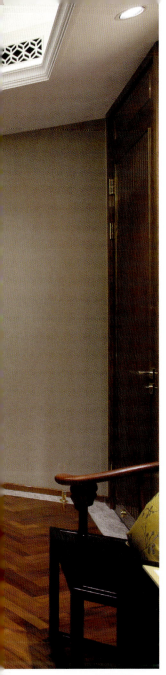

装饰品陈设

玄关，摆放着海派风格的婉约壁柜，与墙上中国画形成对称，让人走进就感受到文化融合的气氛。右手边便是客厅，蜡梅的屏风与地毯，现代简约的沙发，便是这个色调的主要组成部分。折中主义运用到空间的各个领域，细节上更是不可忽视，带着中国传统气质的枯木、陶瓷花瓶、仿古陶瓷圆凳等，配色淡雅，让整个空间具有强烈的东方时尚美感，又给人以庄重感。

餐厅中烦琐的图案和精美的吊灯相映成趣。实木墙柜与装饰艺术品的陈设，让整个空间的浓古雅致的风韵扑面而来。

书房在主卧的对门，一进门浓浓的古墨气息。复古的案台，配以古画、陶瓷花瓶及艺术品的装饰。书房的另一边又是另一方天地，充满雅趣的棋牌室。琴棋书画充满了整个宽敞的空间，净化了烦琐生活中的惆怅，散发出天然的古朴，透露出主人悠然的生活逸趣。

家具设计与材料使用

餐厅，这个空间在设计上大胆地运用混搭的方式，西式的餐台，搭配仿古圈椅，流露出一种中西合并的低调奢华，在若隐若现中透出一种贵族气质。

卧室实木地板与仿古的地毯衬托出整个空间的古典美，混搭着简约美式的大床、沙发，以及实木壁柜，又凸显整个空间优雅、古朴的气质。卧室的另一边是宽敞的衣帽间，中式的实木壁柜，搭配现代美式的梳妆台，充满着悠扬、时尚的气息。

色彩搭配

在色彩上，设计师利用了绛紫色作为整个客厅空间的主色调，让人耳目一新。餐厅是柔和的暖色调，既有浓浓的古朴风韵，也有西式的简洁。卧室主要以暖色调为主，突出温馨舒适的氛围，同时点缀一点亮眼的饰品、布艺，为空间增添一抹亮丽。佛说，世有四劫，"成，住，坏，空"。每一个事物的发展，都有其起承转合的过程，高潮跌宕固然有其惊奇纷呈，但也离不开个中的漫长酝酿。上海恒大华府这个刻着折中主义烙印的作品，正如一场华丽的演出，虽"五味杂陈"，但也是现代设计要挣脱和改变的源泉！

世茂河滨
花园

▶ 现代欧式风格

设计师
沈烤华
（南京 SKH 室内设计工作室）

面积
358m²

主要材料
科勒卫浴、麦克马尼窗帘布
艺、慕思床垫、纯手工艺术、
油画、金鹰艾格地板

项目地点
中国，泰州

结识董先生全家于 2012 年，那年他女儿刚刚考上大学，准备举家搬至南京，遂同年 9 月在南京诞生了青山湾 —— 韵这个作品……记得当时 SKH 的小伙伴们在沈老师的带领下，已经开启了全程托管整包模式。很荣幸那年的我能够参与其中，也见证了 SKH 的成长……

2015 年，因为工作调动，迁往泰州的董先生找到了沈老师，邀其为新家做设计。董先生说，他常常这样想，自从认识了沈老师，居住质量和品位提高了不少档次，比起一般意义上的装修，区别很大，也许要多出一些设计费，但是他们愿意这样做，只要在他们力所能及的范围之内，并且他们对沈老师一直常怀感激……他们对项目没有什么要求，二度合作充分信任沈老师，只要求给他们一个稳定温暖的家。

咏叹调即抒情调，它是在 17 世纪末，随着歌剧的迅速发展，人们不再满足于宣叙调的平淡，希望有更富于感情色彩的表现形式而产生的。同时它往往是最精彩的唱段，结构完整，需要演员掌握高超的演唱技巧。还可以拿出来单独作为音乐会的独唱节目来演唱。这些犹如沈老师此套作品，高低起伏，不趋于平淡，极富感情色彩，他完美地把这一切融合到了一起，并且重点设定的一些区域又可以单独拿出来作为高潮的一个篇章，不拘泥于各种形式，遂取名为"咏叹调"。

二层平面图

一层平面图

装饰品陈设

变化才能体现层次。咏叹调里的每一个场景都是在细细斟酌其层次性带来的美感。无论是一进门昏暗的灯光下猛乍一眼跳出的一抹红色。还是褪去的森林背景下，高饱和度黑色回字休闲椅。无处不存在着高技艺的变化。

点睛之笔不能多，反之就会成为画蛇添足。在软装中往往点睛是指配饰。咏叹调里书房里的小鸟，或是客餐厅里的装饰花艺。尽管不多，但能起到空间的点睛作用。

059

家具设计与材料使用

当然，美也是需要质感的。什么是具有质感的呢？材料很重要。如咏叹调里纯铜灯具，虽然简约却不单调，反而成为空间的点缀。再比如餐厅的椅子，虽然是黑白色的，但是图案呈现的质感非常时尚。所有有品质的材料、家具、配饰等都需要设计师去苦苦追寻、积累。一朝一夕，月月岁岁年年！就像一块好玉，静静地打磨自己，吸收着天地精华，总有一天转身一变，便是那通灵宝玉。

浪漫
大都会

▶ 现代欧式风格

西方中世纪有关于骑士的传说，使得人们充满了浪漫的遐想。现实似乎乏味、单调，总是希望手持长剑，驾于马背，终身为正义而战，胜利归来能陪着美丽的公主居住在古色古香的城堡中，过着贵族一般富足的生活……

于是，故事开始了。在现代都市中营造这样的氛围，将浪漫的向往写于当下，新的碰撞写下交响的乐章。

沈阳华润二十四城之浪漫大都会定位于"古典与现代的交融；古堡与都市的交汇"，空间散漫、充满艺术情调，是绘画与摄影，音乐与戏剧，红酒与雪茄的交响。

在空间功能布置方面，在满足基本的生活功能需求的同时，特别增置了户外观景庭院，以及室内的水吧娱乐区、酒窖、雪茄房和影音室，突显了主人的身份和品味。

设计师
谢辉、左丽萍、石露（ACE
谢辉室内定制设计服务机构）

摄影师
李恒

面积
400m²

主要材料
仿古砖，壁纸，涂料，灰色木

项目地点
中国，沈阳

一层平面图

负一层平面图

装饰品陈设

项目的整体色调采用红、黑、灰及钴蓝色调来丰富空间的品位，再搭配多元素的文化特质。

多元化的思考，将怀古的浪漫情怀与现代生活相互交融，既华贵典雅又时尚现代。

家具设计与材料使用

空间中运用了大量的亚光黑色木饰面、独特
质感的硬包，利用局部的皮革的衬托，体现
出主人及空间的高雅内涵，却不张扬。而空
间中点缀的金色亮光金属，亦是一种时尚大
都会的体现。古典线条的运用，与其他现代
设计手法的交织和亮面的点缀，整体空间体
现出一种古典与现代都会的气质。

神仙树
大院

▶ 现代欧式风格

自然界中美的形式规律有两种：一种是有秩序的美，这是大量的和主要的表现形式；另外一种就是打破常规的美。世界上一切事物，都在不断地发展变化。

本案的女主人是时尚的年轻一族，想要打造时尚生活的家居风格。打破常规，是一种享受快乐、享受生活的方式。

着眼于新潮时尚的设计理念，也注入传统文化与古典艺术；从人居环境美学延伸到人文风水学；本案计划按照女主人的要求打破常规。设计一套充满时尚感的设计作品，从灯具到饰品、挂画等各式各样的装置艺术融合其中，极大程度体现了年轻一族的个性和生活品位。

软装设计师将整个空间设计得更加清新淡雅，许多轻柔的线条，以花鸟为主题，铺陈开来。

软装设计师
刘芊妤（Studio.Y 余颢凌设计
工作室）

硬装设计师
吴祝疆（Studio.Y 余颢凌设计
工作室）

摄影师
Studio.Y 余颢凌设计工作室

主要材料
铜，木材，陶瓷

项目地点
中国，成都

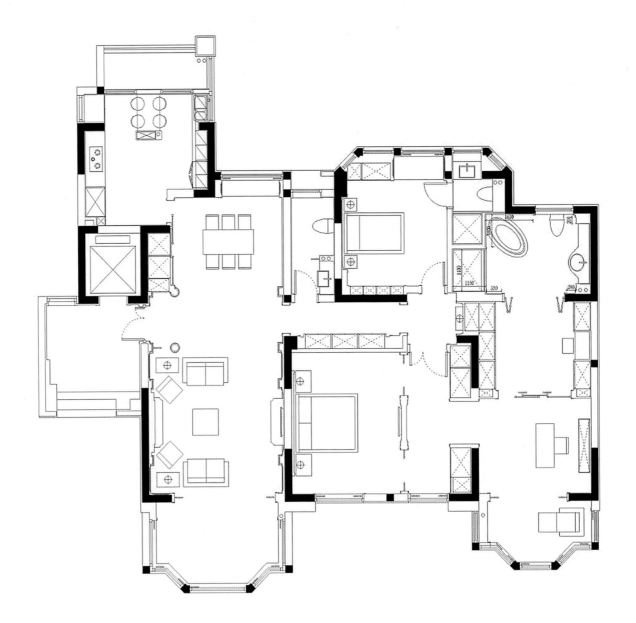

平面图

装饰品陈设

不同于常规的家装陈设，本案中软装设计师加入了许多工装的元素，使得整个房子甚为大气。

客厅壁炉上放置了铜配水晶的瓷花，底座为纯铜的龙龟，是龙生九子中的六子，传说中背负河图洛书，揭显天地之数，上通天文，下知地理，龙头有赐福之意。龙龟摆放家中，是长寿和吉祥的象征。

色彩搭配

主卧花鸟图为背景，黄与蓝的色彩碰撞极为惊艳。床头挂上女主人的定制礼裙，整个主卧空间雅致脱俗。

女儿房也是可爱非常，充满童趣。吊灯使用了小海豚主题，寓意如鱼得水。抱枕选用蝴蝶主题，淡蓝、紫红的色彩搭配更添趣味性。阳台的多肉植物和小绿植，构架了一个浪漫的休闲区域，煮一杯咖啡，闲抱一本书，惬意自在。

中天之江诚品下跃洋房

▶ 现代欧式风格

室内设计
马辉、李扬（杭州易和室内
设计有限公司）

软装设计：
韩舒、祝竞如（杭州极尚装
饰设计工程有限公司）

摄影师
阿光

面积
300m²

主要材料
成品木饰面、墙纸、胡桃木、
金银箔、镜面等

项目地点
中国，杭州

中天之江诚品下跃洋房，又被称为"中国艺术家的美国牛仔梦"。设计师以崇尚自由的美国西部牛仔文化为灵感，分享了自在、随意的不羁生活方式，正好迎合了时下的艺术家对生活格调的追求，即：有文化感、有贵气感，还不能缺乏自在感与情调感。

作为一个装修成品房样板房，设计师主要以最大化空间的利用率，石膏线条、厨房柜体、卫生间等模块化搭配，没有太多造作的修饰与约束，兼顾成本控制的同时，尽可能地营造出优雅贵气而又回归自然的空间感觉。

牛仔生活是美国西部文化的代表，象征自由、勇敢、开拓、骄傲。事实上，这些奔放、大气、高贵不仅是男人们的追求，也是设计师所向往的惬意人生，更是代表了当下艺术家族群的人生梦想。夕阳西下，美国牛仔纵横驰骋在荒芜的沙漠和广阔的草原，感受自由的人性，感悟释放的自我。整个空间贯穿美国牛仔文化的主题，仿佛让人们看到了只有好莱坞大片中才能展现的绚丽场景。

无论是色彩、材质或是陈设品的选择，都包含了特有的文化内涵。作品里大量使用了栗壳色和橙色的组合，其色彩气质相当符合爱马仕的色彩搭配原则，贵气十足。多处运用的橘色和皮毛材质，给人以热情奔放的感觉又兼具了自然之美。

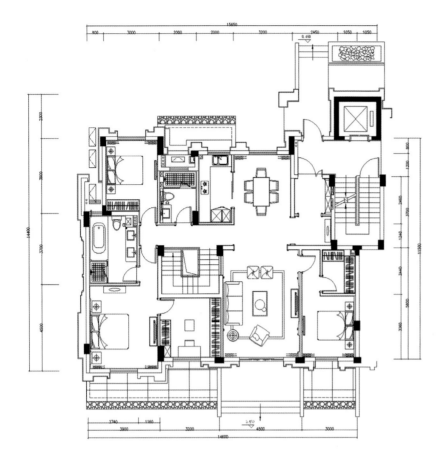

一层平面图

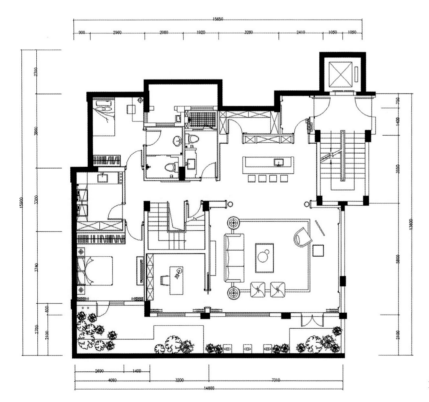

负一层平面图

装饰品陈设

创新，求变，跳脱传统美式的装饰风格，设计师以其独到的视角，为空间赋予了情感的魅力，引起来访艺术家的青睐和共鸣。不同于一般卧室空间的处理，梦境般的灯光下，属于艺术家的人物石膏头像和书籍摆放桌上，

墙上奔驰的骏马挂画更彰显主人的品位和修养。男孩房则为人们述说了一个热爱生活，热爱牛仔的少年成长故事，床上放置的几根鹰羽、一只马鞭、一顶马术帽展现了孩子的缤纷世界，再也不用担心只有满是作业本的

童年。偶遇地下室，那是艺术家的私人属地，也是空间最出彩的一笔。主人把满意的作品放置于展示架上，把放飞的心灵收藏于巨幅的印第安人雄鹰油画中，强烈的艺术感染力营造出一种精致大气的人文情愫。

家具设计与材料使用

更别具一格的还在于经典美式家具的锦上添
花，厚重的实木材质自然而高贵，配上优雅
得体的装饰雕花，局部点缀清晰细腻的马饰

纹理，无不渗透出空间的艺术感。同时部分
家具也运用了镜面的元素，让整个空间变得
熠熠生辉！

诺丁山
阁楼

▶ 现代欧式风格

现在展示由塞尔维亚·格兹贝克设计的"诺丁山阁楼"。设计理念源自一对有创意的年轻情侣。最近，他们在伦敦著名景区购买了一套带夹层的私人公寓。公寓位置极佳，居住面积 33 平方米，阁楼面积 12 平方米。该项目的核心构思是创造一个多功能的住宅空间，将日式居住风格与英式家具摆件完美结合。

"长期以来，设计师塞尔维亚对日式文化和设计情有独钟，而她对现代家居需要同日式生活理念间联系的探究也令人称奇"，伊万说。"我们有意将所有的私人空间隐藏，增添一些奢华的特征元素作点缀，同时融入艺术和现代特色来呈现最美好的都市生活气氛。"

塞尔维亚说，在体现平衡、讲求秩序和追求自然美方面，室内设计采用了日式理念，但这绝不等同于极简主义。在隐藏日常生活对应的"实用"的同时，设计概念还强调实用之美学。

采用日式风格的主要原因是空间，其合理的尺寸能实现公寓内不同空间区域的创建。简约是客户的主需求，于是设计师在门厅处使用单一材料以创造温暖舒适的感觉。

设计师
塞尔维亚·格兹贝克
（艺术办公室）

面积
45m²

主要材料
木材

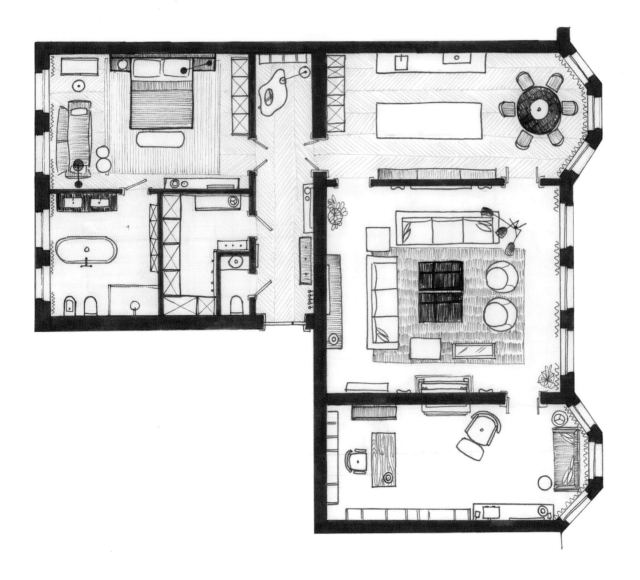

平面图

装饰品陈设

在客厅设计上，为创造出现代时尚感，设计师采用以下布置：色彩对比鲜明的黑色厨台、壁灯和油画，借以彰显男性气质。而在女性元素展示上，设计师摆放了色泽素雅的淡黄色物架，暗粉色镜子和放置在由荷兰 Moooi 公司生产的"伊甸园"花饰地毯上的淡棕色咖啡桌（吧台）。所有的家具摆件浑然一体，创造出和谐独特的室内景观。至关重要的一点是要保持设计理念一致统一。因此，设计师没有在卧室堆砌颜色和物件，而使用几何图案配以地毯和蒲团以实现更加灵动和舒适的感觉。为了拓展视觉空间，设计师使用了圆形镜，与卧室相对安放，这样镜中的卧室窗使得镜子本身有如一扇窗。

家具设计与材料使用

设计师尝试用木制面板将浴室和衣柜遮挡于无形，借此打造了一种简洁的背景墙。所以，当位于客厅望向厨房时，你不会觉得厨房和餐厅位于客厅内。由 WRKBNCH 团队提供的小厨房绝佳地解决了空间局促的难题，也实现了不同木饰面的完美对接。

为保护卧室隐私，设计师设计了装饰墙面，由木制的垂直立柱有隙组成。这样，从不同的角度看，构成了半透明的隔断。WRKBNCH 团队加工了定做床桌，其材质与装饰墙面相似，但却是平行图案。在卧室内使用与墙面垂直结构相对的床桌使得卧室在视觉上宽敞。楼梯墙用来展示客户珍藏画作，与卧室内的梳妆台功能相配。另一个 WRKBNCH 的神奇作品是一个箱式家具，它可以方便地转换成家庭工作室或者简单地放置在哪里作为隔断。

该项目中所使用的家具和饰品如 Vitra 凳了、Knoll 螺旋帆布躺椅、Eero Saarinen 餐桌、Knoll 卧椅等均为设计界经典之作且形成设计整体。项目中看似最昂贵的只有意大利 Stilnovo 设计的枝形吊灯、定做墙镜以及壁炉。作为伦敦室内设计的惯例，时代特征常不予理会且多被翻新。而在本案例中，设计师在遵循传统的同时赋予其现代感，这使得壁炉成为公寓温暖和舒适的中心。

时间
旅程

▶ 现代简约风格

本案是一处公寓住宅，业主却希望能作为接待所使用，因此设计师打破商业化的模式，设计了以家的形态为出发点，透过居家化的功能，动态配置，强调人与人，人与空间的互动性。

不同于二维空间图示方式布局空间区划，本案尝试利用 2.5D 的透视原理找寻各空间衔接处不同面向的可行性，结合光穿透建筑开窗面的线状光谱波长，映照在墙板之间所产生的阴影面，借此调配不同属性功能，由此让每个空间能获得最大采光面积，并以绘画方式的构成手法，包覆原始结构梁柱，以建成覆面的最小公差值，连续、律动、分割、父子层级参数化设定，形成行为动作的轨迹，并记录着片段时间，构件产生的动态形体变化，墙板及构件天花板便由此生成。

设计师
游滨绮（创研俬集设计
有限公司）

摄影师
郭家和

面积
220m²

主要材料
木皮板、大理石、锈铁板、
硅藻土

项目地点
中国，台湾

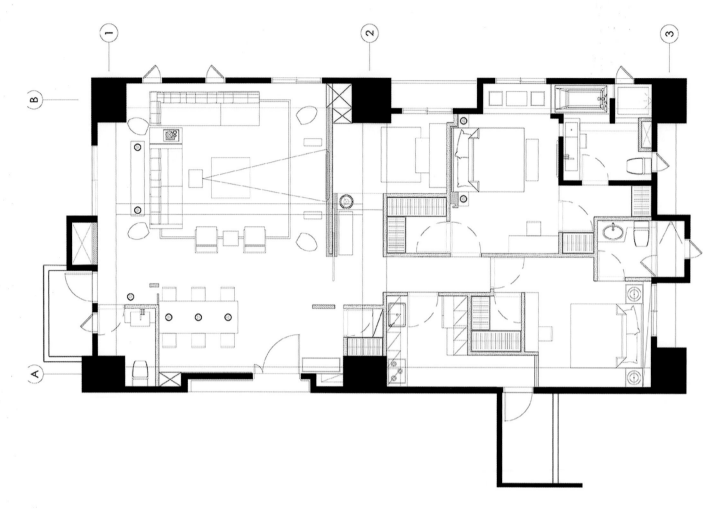

平面图

装饰品陈设

生活的意义是追求生命的本质的存在感，褪去华丽的外衣，摒除浮夸后，最终回到自我中心的价值，思索自我存在意义。空间主体的自明性会更加显著，借由生活上的丰富性，添加生命旅途过程中的色彩，空间场域个性由此萌生，而艺术是对生活的实践与印证最美味的添加剂，生活处处是人文，人文处处是艺术，打造一个艺术、人文、生活和谐的空间会所，期望由此案人们能体会到更深的生活意义 。空间中利用大量的石材、木制、花草等自然语汇，刻画场域的丰富表情，让空间充满人文艺术感知，带领人们深入体会与挖掘生命中的本质及存在感。

家具设计与材料使用

实木格栅布满整片天花，高低起伏的线条勾织出立体造型，隐藏起梁线所在，且带来视觉趣味性；以大理石为底的地坪与电视主墙，更在温润木色的加温之下，平衡其冷冽的质感调性，调和出舒适宜人的场域温度。

融侨
外滩

▶ 现代简约风格

本案坐落于福州市南江滨，业主从事时尚潮流休闲的服装行业。设计应业主喜好及习惯，采用高级灰以及极简美学的手法，没有复杂的堆砌与平凡的摆放。

都市快节奏、高频率、满负荷的忙碌生活，让人们希望有一个地方能消除工作的疲惫，忘却都市的喧闹，比如一个安静、舒适、明朗、宽敞的家，这也是现在流行的装修风格之一：现代简约风格。

设计师
汪书国（福建品川装饰设计工程有限公司）

摄影师
福建品川装饰设计工程有限公司

项目面积
190m²

主要材料
大理石、不锈钢

项目地点
中国，福州

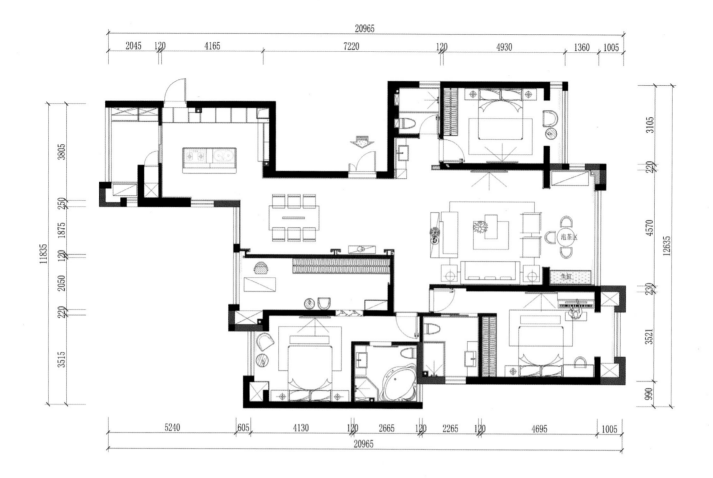

平面图

装饰品陈设

采用高级灰以及极简美学的手法，没有复杂
的堆砌与平凡的摆放，一个简单的灯具选择
与摆放都凝结着设计师对现代简约风格的思
考与理解，简洁的造型、纯净的质地、精细

的工艺，将这个空间打造得安静舒适却不缺
乏时尚，明朗宽敞却又不显空洞。当艺术与
生活接轨，当设计打破常规，一系列的创意
佳作接踵而至。

家具设计与材料使用

品茶区全明的落地玻璃设计，使空间更为透亮，既隔离了城市的喧嚣，又让视野不受拘束，舒服地窝在沙发里，品一杯香茗，身心得到彻底的放松与自由。

厨卫大量的白亮光系列家具应用，在光线的作用下让空间显得更为宽敞明亮，摆脱了繁杂堆砌的束缚，从简单舒适中品味生活的精致。

色彩搭配

深沉的灰过渡演绎，融合墨黑、棕色，非凡
的气质让居室多了几分灵动与时尚感。既遵
循了简约风格，也是个性的展示。

磐石坊

▶ 现代简约风格

设计师隐喻暧昧的情境效果，创造出了一个让居住者停留的港口。设计师细腻地观察自然因素，利用环境中自然的材质，呈现空间效果；用心的构思情景氛围，严谨地思考设计阶段中的可变因素，依循系统方法落实梦想。

由蚁穴的居住形态架构为发想，重新定义居住形态的变化与连接，把各个空间独立分开，拉长中介空间与过渡空间，透过屏格与空隙，让空气及光影自然流动，让每个单元都能独立供给养分与成长，因气孔交织的关系调节室内温湿度，一部分达成空调节能的目的，另一部分幻化成空间表演舞台。

异地风情不是原封不动地从一个空间搬到另一个空间上，而是需要经过食后反刍，不断地开合闭合思绪，保留精神层面，经过一系列的辩证及语汇的延伸，再定义空间感，重新注入空间的生命力，活化技能连接的新思维。

设计师
游滨绮（创研俬集设计有限公司）

摄影师
郭家和

面积
198m²

主要材料
实木皮、钛金属、天然大理石、铁件、茶镜、玄武岩盘块

项目地点
中国，台湾

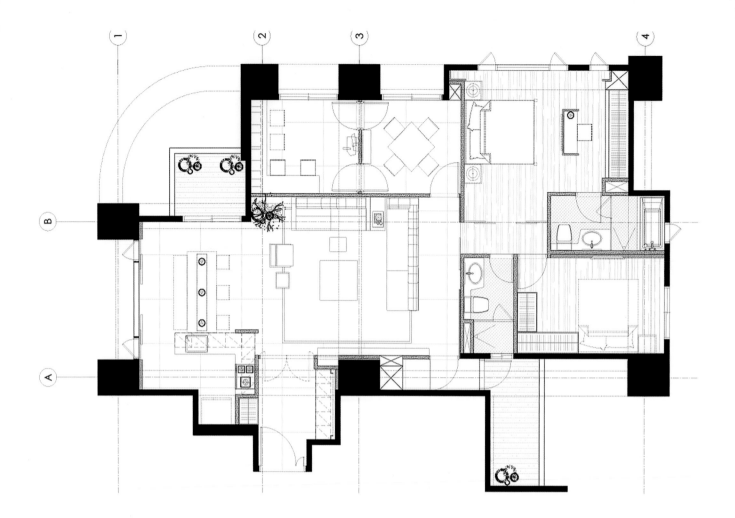

平面图

装饰品陈设

简单的设计想象从概念转译为具体的规划执行，光与温度、岩盘与阴影，四种语汇之间的千丝万缕共谱出极地境界的异地风情，并发展感官视觉秩序间的可能性与环境场所共生共荣，带领人窥视潜藏内心的梦境。

清风徐徐拂过脸颊，石块堆砌间隙隐约透露出闪动的双眼，述说着空间的故事，光与影的变化交迭出律动的乐章，光线照射在晶莹白雪般的地毯，如闪闪发亮的钻石光芒，一段空间的旅程即将开始，永恒空间记忆就此产生。

家具设计与材料使用

设计师以高规格的休闲度假饭店为本，采自然石材与温润木制的调性互为搭配，用以营造空间辽阔而舒适的时光深度，以"石""光""木"为主角，轮番展演空间风情。透过不同的结构组合方式，呈现不同的材料变化。

利用岩盘的不规则性拼贴成蜂巢结构，以六角模具为单位，组构成气孔墙，让外墙的光线再一次透过岩盘空隙，洒落到居室空间，烟熏木纹的染色性，如同大雪覆盖后的植被，隐约的表露极地的冰冷感。

天寓
张宅

▶ 现代时尚风格

建 筑原有8间房和1个挑空厅,设计师从业主实际生活需求出发,整体设计为6间房和2个厅。其中主卧与书房打通为一间,以方便主人晚间看书、工作的需求而不影响家人休息。考虑到建筑为整体落地玻璃幕墙、没有正式的阳台结构,将一层的一间卧室改造成阳台,便于日常清洗晾晒的需求。建筑原结构为350平方米的复式,其中一层和二层有大挑空客厅,设计师将挑空隔成两层平层,一来提高空间使用率,二层可成为一个独立的影音室和活动室,二来便于能耗管理和清洁需求。

二层厅与卧室之间有一个公共活动区域,设计师将其处理为开放式茶室,兼顾水吧区,闲暇时可以招待朋友、喝茶聊天。

业主家常住人口较多,设计师通过空间的合理规划,将各个区域相连又独立,互不干扰,一大家子其乐融融。

设计师
张健(杭州观堂设计)

摄影师
刘宇杰

面积
350m²

主要材料
水泥墙、石材、木质

项目地点
中国,杭州

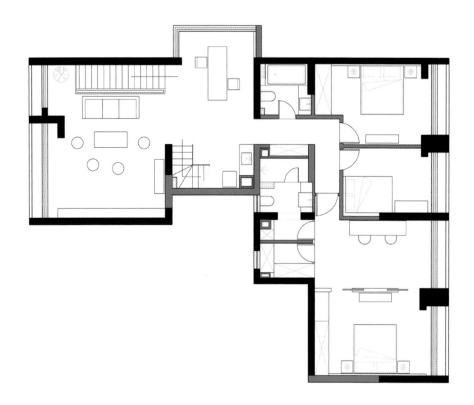

二层平面图

一层平面图

家具设计与材料使用

设计师在墙面处理上，花费较大的人工将原始白墙剥落，露出建筑的水泥材质，非常漂亮，当然，这是基于建筑本身质量完美的基础上而衍生出的大胆设计。

厨房设置了中西两厨，中厨靠内，安装移门，以满足中餐烹饪过程中油烟隔离的需求；西厨与餐厅相通并敞开，便于日常使用、水果蔬菜的清洗等。

考虑到业主有两个孩子，安全性尤为重要，设计师在楼梯的处理上采用钢架结构＋木质包面，尤其扶手，采用全实处理，温馨、安全、美观。

城南一号

▶ 现代时尚风格

"优" 为外在的优美，"雅"是内在的高洁与超拔、灵动与阔达，优雅则是不以物喜和己悲的淡定与明慧。修内而化外，一种自然沉淀的生活格调。

设计师为业主设计了一间充满暖阳与静思的房子，全屋皆是知性从容的调性。在这里，清晨第一缕暖阳将沉睡的人们唤醒。睁开惺忪的睡眼，在阳光里轻轻柔柔，迎接一天的起始。

设计师
余颢凌

软装设计师
刘芊好

摄影师
张骑麟

面积
240m²

主要材料
木材

项目地点
中国，成都

平面图

装饰品陈设

主卧和次卧有着异曲同工的色彩表达之趣。橘色玫红搭配的主卧定义为漫享时光悠悠的休憩安静区域，次卧却更像是一个静谧的阅读空间，报纸主题墙面（西班牙进口工业气息报纸），衣柜和书柜合二为一，橘色、紫色更显鲜活灵动。就像是零落的两间小屋子，虽各自透出不同色彩的光亮，却组合成蔚为奇妙的景致。

男孩房由于业主的工作情结，特意设计成飞机主题。地面注入了红黄蓝的色彩生命，虽然这些色块有限又抽象，却象征着构成自然的力量和自然本身。在这个空间里，启发小男孩无尽的想象力和创造力。

家具设计与材料使用

设计师特意淘回的古典家具打造颇具绅士风格的专属书房空间。客厅电视柜来自 CG 家具 Chris-X 交叉腿系列，含蓄感性，它源自名著《乱世佳人》女主角赫斯嘉的纤细腰肢和极其优雅的舞姿。这是一种与众不同，轻盈的设计、视觉语言，就像是亭亭玉立的芭蕾舞娘，让人一眼就能辨识，并产生美的共鸣。

阁楼
戏剧

▶ 现代时尚风格

阁楼地处誉为"南翔国际居住社区"和"上海市郊第一CBD南翔智地"的商业中心——中冶祥腾城市广场内。在设计面积约110平方米的LOFT空间内，设计师融贯中西元素，运用舞台设计手法，创作不同的场景，却又巧妙地融合在一起，光影交错，色彩丰富温馨，凝造悠闲、静谧、舒适的居所氛围。

设计师利用2米宽的简易隔墙，将狭小的空间分割出客厅和书房区域。于是有观者笑言"空间虽小，内有乾坤"。一边浓烈丰富，一边清新典雅。一墙之隔，形成强烈的视觉对比冲击，犹如舞台转景般鲜明跳跃着。

设计师
郑仕樑
（郑仕樑设计有限公司）

摄影师
恽伟

面积
110m²

主要材料
大理石、实木地板、玻璃、
墙纸

项目地点
中国，上海

一层平面图

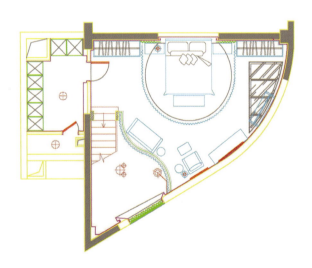

二层平面图

装饰品陈设

在客厅微小的空间，更通过镜子，得到最大化的延伸。天花镜面金鱼贴画，和地面蓝色地毯，形成上下呼应的海蓝鱼跃画面。黑白相间中的鹦鹉，昼夜翱翔，纷纷驻足栖息于此。再点缀温馨的蜻蜓灯光，将生活其中的人与自然巧妙地融合。时尚通明的红色 KARTELL 椅和中式鼓凳，与拐角处的中式梳妆台遥相呼应，并通过设计师精心设计的地毯中三条红线连接在一起，不同的肌理在此碰撞，形成完整的色系搭配。

结合弧形的建筑格局，设计师采用 S 形隔层收边，营造别致的挑高空间。设计师追逐着自己早年的印迹，将灰镜与明镜的结合，弧线造型，罗马柱头的运用，和放大的外窗抽象造型，搭配镜前高耸的雕塑 [雕塑概念源自罗马尼亚雕塑家康斯坦丁·布兰诺西 (Constantin Brancusi) 的作品《无尽之柱》(the Endless Column)，寓意：从地上向天的支柱，将生命的能量推向无尽的空间，是支撑天空连接天地的支柱]，透过蓝、黄色贴膜玻璃的光线，

呈现出古典而明快的教堂空间氛围。教堂自然有天使相伴。桌上摆放着中国当代著名雕塑家瞿广慈的作品《彩虹天使》，不同于西方的天使，这是中国人自己的天使，展望着中国人自己的未来。窗台上的大象饰品，平添了几分稳重而富有灵性。整体呈现的是室内的户外风光，一个中西融合的院落。

站在"小院"环顾，楼梯下是一对"永不分离"的雕塑，还有设计中无意的雕塑——没有扶手的楼梯曲折向上。

2楼隔层S形收边，仿佛飘浮空中的楼阁。沿楼梯拾级而上，墙壁上是当代青年艺术家本·高夫（Ben Gough）的作品《狂热翼》《Frenetic Wing），如翱翔的鸟儿，振翅高飞；如自由的鸽子，带来平和。2楼卧室内床背一面呈左右对称的格局，中间紫黑相间的壁纸，两侧是明镜和黑白色衣柜幕帘（以布帘代替柜门，平衡了硬朗的空间），左侧一盏蜻蜓台灯，右侧一盏超现实的帽子吊灯，在两盏灯光照射下，昏暗而朦胧。床头两个简易怀旧的海派家具，一台老旧的小风扇，在屏弱的灯光下，仿佛来到20世纪60年代老上海幽静的弄堂，述说着一段欲说还休的情感故事。床的正面则呈现另外一番景象，色彩绚丽多姿，五彩缤纷。一幅电影《花样年华》海报挂画，慵懒的双人沙发椅，一条围巾随意搭在中式衣架上，在抽象的油画《蓝1984 》（Bleu 1984）[香港艺术家许尤嘉（Egon Xu）先生的作品］和圆形地毯（设计师原创作品）背景映射下，加之通透的蓝色地面玻璃，颇具喜剧效果，宁静而闲适，仿佛影片中的某个镜头在这里重现："孙丽珍"呆坐在那里，点燃了一支香烟，不抽，只是放在那里任它的烟雾缭绕，盘旋，四散，画面细腻温婉。透过墙壁上的八棱镜，随着翩翩起舞的蝴蝶走进穿越的时光，摇曳的旗袍，昏暗的灯光……这是对旧香港的一种情怀，是对花样年华的一种追忆！

家具设计与材料使用

窗台下是设计师特别定制的长椅，一款设计师原创的青花瓷圆桌，以古典造型，青花瓷饰面完成。一张高高的中式官帽椅，和可转动的海上青花品牌餐椅，一幅安迪·沃霍尔（Andy Warhol）的毛泽东肖像画，搭配设计师自己设计的中英混搭黑色椅子，背部镶嵌红色旗袍造型陶瓷，后背立体造型，诠释着中国从古至今的历史变迁。

步入书房，有简洁大方的办公桌，特别定制的胡桃木斗柜和中式白色书柜，几分复古，

几分现代，以它独有的姿态彰显出些许沉稳而内敛。其间一把设计师原创的深咖扶手椅，拥有立体的后背造型。设计师将中式五金件巧妙地与白色书柜糅合，中间摆放着设计师从不同地方淘来的陶艺等饰品。

穿过2楼的白色门框，如同舞台布景转换一样，立刻转入卧室空间，进入"花样年华"的格调中。一款设计师淘来的中国老式双人椅，透视着整个卧室空间。

色彩搭配

玄关鲜明的黑白色调相得益彰，在半掩的红色帷帐下，揭开斗室的神秘面纱。为了呈现开放式的客厅空间，设计师特意将吧台，用通透的黄、蓝色贴膜玻璃拼接搭成，在黑白格地砖映衬下，富有浓郁的悠闲时尚现代气息。

家之
新颜

▶ 现代时尚风格

本案是一处城市平层大宅的精装改造项目，业主是一对年龄不大却气质沉稳知性的夫妻，对于这套 200 平方米左右大平层的设计，我们彻底摒弃了原本偏酒店式的设计，而更多的希望为业主营造一种属于家的更加自我的氛围。通过对精装房的改造，我们更加细化家庭的功能空间，引发业主独特的气质，完成家庭成员对家的梦想。

居家爱恋是一种什么样的情愫？在家里情绪能够获得安抚，久坐也不会烦躁，舒适得让人不想离开，产生对居家的依恋，完全放松于这稳重、静谧的空间里。

设计师
谢辉、左丽萍、石路、闫沙
丽（ACE 谢辉室内定制设计
服务机构）

摄影师
李恒

面积
230m²

主要材料
大理石、硬包、木材、不锈
钢

项目地点
中国，成都

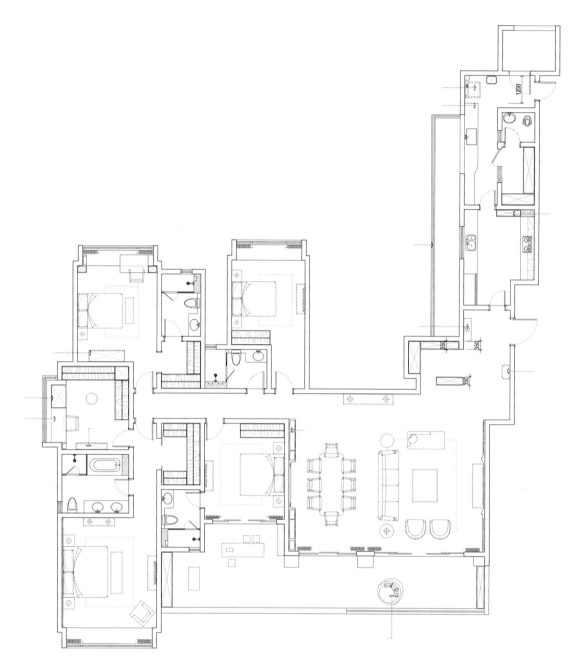

平面图

装饰品陈设

艺术品，是家居品位的有效表达。在针对业主本身气质品味的前提下，设计师选用大量艺术挂画来增添空间知性从容的调性，一眼可读出业主的文化素养和内涵气质。

餐厅挑高设计，值得一提的是，由于女业主极爱读书，所以设计师在餐厅一侧设置了大型书柜，不仅可以收纳书籍，还能放置喜爱的艺术品，高空墙面中大幅画作为空间中的点睛之笔，不着痕迹的将空间的文化氛围进一步的提升。

家具设计与材料使用

大门厅曾经是一个吧台，而设计师充分考虑
家庭生活的琐碎性，将其改造为储物空间，
用来存放鞋和杂物，柜体本身已然也承担划分
空间层次的作用，让门厅空间兼具实用性和美
观性。

色彩搭配

色彩，是美学的极致表现。设计师在空间中大面积选择了深棕色，作为大地色彩，它有着自然的亲和力，既不会太显沉闷，又有着高雅的格调。女业主希望家里有些许红色，可以活跃空间寓意美好，所以，在整个空间中我们搭配红色，并点缀少许金属元素，不同色彩的搭配与深浅的变化，慢慢地渗透出温暖优雅的时尚气息以及空间的层次感。

主卧室延续知性优雅的格调，其中加入香槟色和孔雀蓝等女性化色彩氛围。没有过多的装饰，源于功能需求在一侧新增了第二衣帽间。次卧与客厅色系一致，大面积深棕色甚为雅致。

业主的女儿正读小学，从小有一个粉色的公主梦，所以在儿童房的设计中，我们选用粉与绿，将童话故事的元素融入房间。温暖梦幻的空间启发小女生的想象力，也为孩子圆了一回粉色梦。

路劲
上海派

▶ 现代时尚风格

随着电视剧《好先生》的热播，方磊的豪宅设计作品即剧组取景的豪华别墅又一次引起了设计圈及粉丝的追捧，当奢华空间设计与现代炫酷风格一次次地在方磊手中大获成功后，他又让人意想不到的带来了适合 80 后青年的居住小户型设计。

方磊对这套 68 平方米小两居的设计始终贯彻着简约、自然、实用的理念。从 80 后青年的居住习惯出发，对空间互动和动线安排方面进行了独特的规划，作品除了视觉上呈现时尚美观之外，使用上非常具有实用性。

设计师
方磊、马永刚、周莹莹
（壹舍设计）

摄影师
彼得·迪克西(洛唐建筑摄影)

面积
68m²

主要材料
白色大理石、木皮染色饰面、
拉丝不锈钢镀黑钛、亚克力

项目地点
中国，上海

平面图

装饰品陈设

主卧的整体色调柔和，符合卧室静谧舒适的
基本要求。由于空间的限制，设计师在入口
处采用了大面积灰镜，在视觉上放大了卧室

空间，让主人的居住更加舒适。
次卧在简约的色调上搭配跳跃的橄榄绿，简
约而又不死板。

家具设计与材料使用

空间内简洁明快的设计，材料的选用，家具饰品的点缀，温馨又优雅。开放式的厨房让空间开敞明亮。餐客厅与玄关大量使用石材、木饰面，嵌入黑色金属材质，让原本零碎的空间融为一体。餐厅装饰柜内部暗藏灯带，让空间多了层次感。客厅电视背景用石材和黑色不锈钢的混搭，让空间充满了现代感，酷劲十足。卫生间沿用了客餐厅的大面石材，使空间更为统一。淋浴间和马桶间分为两个空间。为了提高空间利用率，淋浴间的门设计成石材暗门，从外面看与玄关区域融为一体，美观又实用。结合材质的变化、空间的勾勒，使得每一个空间独立而整体，空间和空间的交流与互动，动线的清晰规划让整个居所充满了时尚、典雅与内涵。

色彩搭配

色彩的运用也使空间加分不少，而首当其冲的是设计师们非常青睐的高级灰、简约白，再搭配些许跳跃的橄榄绿，使整个空间宁静、高雅又不失80后的活力。当小户型遇到高级灰，这种有范儿的调调完全继承了方磊个性时尚的设计DNA。

郑州二七滨湖
国际城

▶ 现代时尚风格

年轻需要梦想，需要活力，更需要创造力，对于年轻的创业团队来说更是如此。在如今低碳环保的大环境下，如何能创造一个既时尚又环保，同时还具有一定的功能性的空间成为这时代下真正的难题。

平面布局一层为办公空间，以接待区和楼梯为核心筒展开，兼顾了两块公共办公区域，一层大面积的落地窗为室内提供了良好的采光，空间通透且不拘束。二层为居住空间，两室两厅的设计，为创业者提供了舒适宽敞的居住空间。

设计师
张力、刘畅、赵静

摄影师
三像摄

面积
128m²

主要材料
高光烤漆板、皮革等

项目地点
中国，郑州

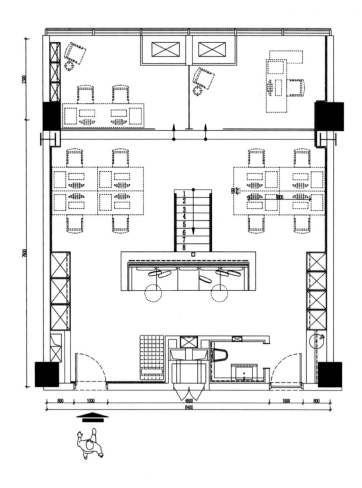

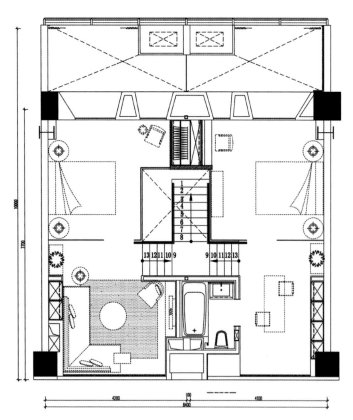

平面图

装饰品陈设

空间整体搭配深色家居，避免了亮色带来的
浮躁。休闲区黄色的沙发，进墙式的设计，
节约空间的同时，不减舒适度，三两个抱枕，
一杯清香的茶水，便可有效缓解工作时紧张
的心。装饰画作为空间的点睛之笔，又是那
么的恰到好处。二楼客厅深色沙发在黄色茶
几、落地灯、菱形格纹地毯的照耀下显得跳
跃了起来，呼应着年轻人的梦想与活力。

家具设计与材料使用

本案秉承时尚环保的理念，在选材上以简约
的木纹配合高光烤漆板为主，轻松简约是设
计师所追求的。

色彩搭配

设计师希望以时尚亮丽为设计主题，整个空　　色贯穿整个室内，充满活力的色彩让气氛都
间最为突出的就是色彩的选择，用绿色、黄　　变得跳跃起来。

上海浦东
世贸湖滨公寓

▶ 现代时尚风格

这是一处位于浦东的200平方米的公寓。公寓的主人是一位美籍华裔律师和他的妻子、女儿。他们希望重新打造这处寓所，所以邀请巴普蒂斯特·伯洪来对它进行度身设计。

主人在艺术鉴赏方面有很独到的眼光，他希望在设计中融合中西方的元素。他也钟爱古董家具和外滩万国建筑中的室内设计细节，那里正是他的办公室所在。

这处公寓整体设计非常都市化，融合了上海和纽约的生活方式，拥有非常舒适惬意的居家氛围，也是邀好友共饮的好地方。

设计师
巴普蒂斯特·伯洪（巴普
蒂斯特·伯洪室内与软装
设计公司）

摄影师
赵易宏

面积
200m²

主要材料
大理石马赛克、木地板、黄
铜条、纯丝质的壁布、烤漆
木门

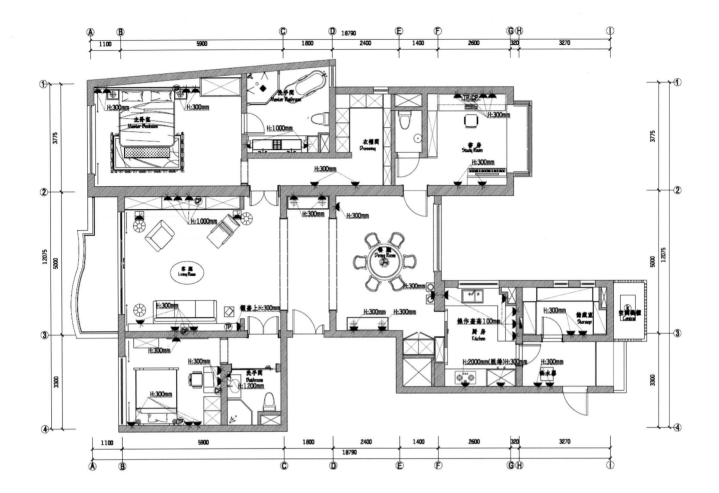

平面图

212

装饰品陈设

在设计完成的同时巴普蒂斯特也开始着手对
艺术品的选择，以确保室内色彩和材质的选
择和艺术品的搭配相得益彰。餐厅的吊灯是
菲利浦画廊艺术家、雕塑家 Val 的作品。每个
房间的窗帘则都经由设计师特别设计定制。
书房则更多呈现了亚洲的风格，通过飘窗处
的竹帘来表达东方的禅意。

巴普蒂斯特还为年少的女儿设计了一间色彩
缤纷的房间，运用了浅绿色和紫红色的细节。

家具设计与材料使用

在充分沟通了设计方向后，巴普蒂斯特·伯洪在设计中运用了 ART DECO 元素，这些都在家具的几何元素中得以呈现，这些是巴普蒂斯特设计风格中的标志性元素，这一点在入口的马赛克地面上有所表现，地面的质感和一个世纪前外滩旧建筑里的马赛克相同，用黑白强烈的色彩对比，通过现代的手法来诠释了经典的马赛克几何造型。

在这个作品中，设计师运用了许多高级的材质：大理石马赛克、木地板衔接处的黄铜条、纯丝质的壁布、黑色丝绒的线条、真丝的窗帘、烤漆木门等。

主卧的大床床头用米色真皮软包，而卫生间的主材是黑白相间的马赛克、香槟金不锈钢、白色大理石以及镜面马赛克。

皇庭
丹郡

▶ 现代轻奢风格

业主是一位年轻的成功人士，性格沉稳冷静，做事认真干练，喜欢奢华的空间感觉又希望呈现的相对简单。对生活品质和空间内在的气质有所追求，喜欢深色调，热爱生活，向往美好的事物。

本案的设计是由客户的需求展开。家居的设计呈现可以展示出主人的品位、见识和生活态度，做出和客户气场相投的空间。结合客户的需求就给这套作品确定为低调奢华的现代空间。

本案以现代风格为基调，融入低调的奢华，为 300 平方米的家居空间打造出奢华、时尚的空间气质。
从玄关到客厅、餐厅的空间过渡十分顺畅，得益于设计师对现代风格的把控。

现代主义也称为功能主义，在追求时尚潮流的同时，非常注重空间布局与实用功能的完美结合，而这一点也正是本案设计的核心所在。

从功能到空间的组织，这个现代空间都显得严谨有序，设计师更为注重建筑结构本身的形式美。

设计师
何心磊

摄影师
周跃东

面积
300m²

主要材料
木饰面、皮革、石材、不锈钢

项目地点
中国、长乐

平面图

吊顶布置图

地面材质布置图

装饰品陈设

本案空间方正，块面简单，用统一手法的灯
光设计贯穿本案，丰富空间的层次。设计师
以厚重的色调为基础，偏灰、偏咖等浊色搭

配极致奢华的装饰做点缀，为现代家居空间
增添了尊贵、浑厚的氛围。

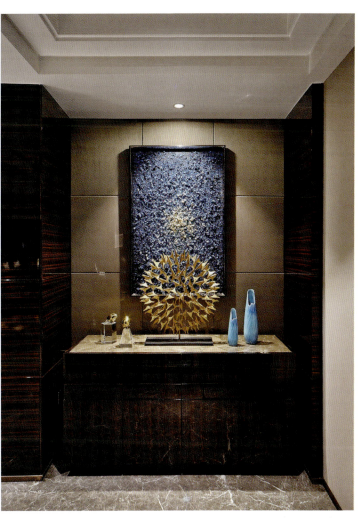

家具设计与材料使用

在材料选择上，运用了以亮光漆的木饰面、皮革、石材、不锈钢等，以同材质大块面的处理手法。运用好材料的特性，讲究材料本身的质地和色彩的搭配，用以呈现出低调奢华的现代空间效果。

以木质和石材为主要材料，干净利落的设计手法突显华而不贵，而材质上天然的纹理则令空间的奢华气质升华到极致。

家具摆设的选择上多为造型简洁，摒弃多余装饰，崇尚合理的构成工艺。在材料的运用上更为尊重材料的特性，讲究材料本身的质地和色彩的配置效果。在整体的设计上突出设计与生活的密切联系，真正做到"少即是多"的设计原则。奢华而富有品位的空间营造出无形胜有形的尊贵气质。

绿地上海虹桥
世界中心公寓

▶ 现代轻奢风格

设计师
张力、顾晶晶（上海飞视
装饰设计工程有限公司）

摄影师
上海飞视装饰设计工程
有限公司

面积
115m²

主要材料
尼卡灰大理石、木纹雅士白
大理石、尼斯木饰面、拉丝
黑钛不锈钢等

项目地点
中国，上海

本案位于上海徐泾，高新科技企业汇聚，众多商界领袖进驻，汇集众多年轻、品味、高端、彰显个性的高净值人群，他们正值事业上升期或巅峰期，精力旺盛，"创造更多财富"和"高品质生活"依然是高净值人群追求的主要财富目标。

平面布局以格调生活为基础，打造了一个一室的高品质居住空间，功能方面配备了书房，多功能餐厅，更衣室，卫浴四件套等，尽享高品质的宽敞生活空间。

本案以高品质的男性主题为设计元素，采用现代的设计手法，打造一处时尚的居所。空间设计的特点是简洁，而其精髓更在于空间的流动。

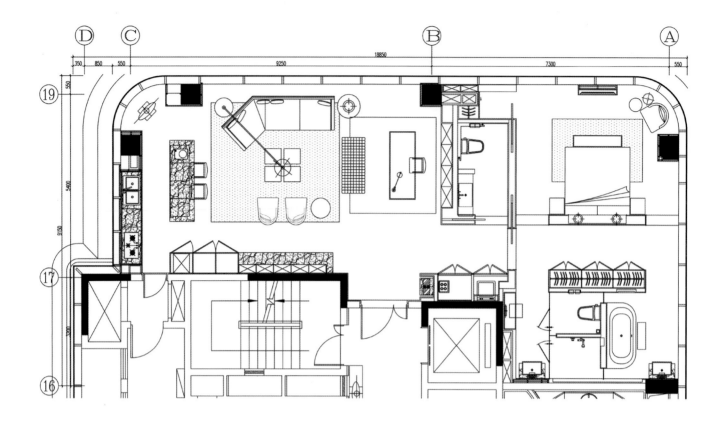

平面图

230

装饰品陈设

软装配以剑道精神，突出了男性主题的另一面元素。

用简洁去表现丰富，去追求本质，营造多变

空间，材质、色彩以及光，还有陈设这些设计要素，以及它们之间的搭配处理，都可以创造多变而丰富的层次，创造高雅的生活之美。

家具设计与材料使用

家具方面都选用了高品质皮质沙发、床、躺椅等，以展现空间质感为主题，从陈列到规划，从色调到材质，宁静与繁华之间，亲切而舒适，展现了一贯的低调典雅的风格。

高品质的大理石材质、精致的木饰品和独特的细节衬托下，展现出独具特色的流畅线条与精致的色彩组合。

成都
锦城湖岸

▶ 混搭风格

设计师
江磊、杨李浩（深圳市逸尚
东方室内设计有限公司）

摄影师
张静、陆彬

面积
85m²

主要材料
爵士白大理石、杭灰大理石、
柏斯高灰大理石、圣罗兰灰
大理石、皮革、手绘墙纸、
大明木豆实木地板、金萍影
木饰面、玫瑰金镜钢

项目地点
中国，成都

"人生就像一场旅行，不必在乎目的地，在乎的，是沿途的风景，以及看风景的心情。"这句话写出了旅行的意义，也道出了业主的心声。业主希望设计师能够把他多年的旅行记忆，通过设计融入生活。设计师巧妙地把不同地域的设计元素融入空间，在注重空间气质同时，也留意着业主的精神世界。

皖籍学者汪军先生有这样一段话："大抵上人生同时朝两个方向进行，且并行不悖，一是欲望和业力牵引的，走向老年及肉身的毁坏；一是心灵牵引的，走向童年及初心的苏醒。"设计师为中国元素加入了自己的理解与创新，反对多余设计，将经典与时尚融汇于同一个个性中，赋予了家居生活新的精神与内涵。既回归设计初心又对生活充满热情。

不大的空间包括两个卧室一个书房，客厅和餐厅两边各有一个阳台，分别被设计成了景观阳台和生活阳台。

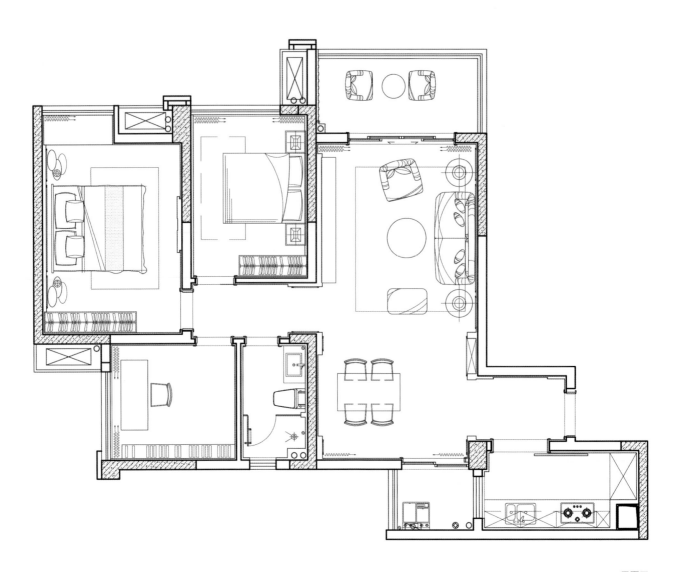

平面图

装饰品陈设

整个空间以白色简约欧式风格为基调，软装融入象征永恒的爱的祖母绿及象征着高贵的酒红色，空间通过高对比度的色彩以及东西方元素的碰撞，塑造出一个别致的生活空间。主卧飘窗小景与大空间的融合营造出"闲来无事半盏茶，半掩书香看落花"的意境。把盏一杯香茗，茶淡如清风，任丝丝幽香，冲淡浮尘润泽心灵，让其味超尘脱俗。闭门只为书卷香。看书的时候，朵朵文竹淡然地生长着。风过疏竹，风去竹不留声，回眸处却有竹色与人劈面相约。市声消弭，静室生香，在光与影的变化下，安静的书房有一种淡雅的朦胧美，流动着空灵的禅意氛围。

深圳
华侨城高宅

▶ 混搭风格

设计师
高文安
（深圳高文安设计有限公司）

摄影师
KKD 推广部

面积
260m²

主要材料
石材、实木、清镜、钢板、
玻璃、枕木、乳胶漆

项目地点
中国，深圳

家，　对于高文安有着极为特殊的意义，这些遍布世界各地的"家"，与其说是他投入时间心血的精心设计，不如说是他送给自己，送给世界的礼物。其承载了高文安不同年龄的人生历练与沉淀，也在漫漫岁月长河里反馈与他心灵的慰藉，最新完工落成的深圳华侨城高宅也不例外。

香港元朗、伦敦泰晤士河畔、土耳其伊斯坦布尔、普吉岛 AMANPURI……除了设计师，高文安更像是一位周游世界的画家，用独树一帜的写意笔法，在广袤的世界地图上随意着墨，勾勒出一处处充满艺术气息的私人驻足点。

作为中国室内设计第一人，高文安一直强调，他的设计是没有风格的，但所有看过他作品，或者亲身到过高文安私宅的朋友，都无一例外感受到，高文安的设计里有一种无法忽视的自然原始气质。

深圳华侨城高宅，延续了高文安用生活写意营造家居空间的一贯手法，轻硬装而重软装，所有设计围绕自然和谐的主旨，以人为本，写时光之心。

开放性一直是高文安坚持的设计主张，不例外，此次他同样对内部空间进行了贯通改造，打破空间隔阂，将客厅、餐厅、厨房、健身房连为一体；通透的玻璃幕墙与镜面将天然光尽收其中，内外呼应，光影的自然变化和洒落已足够惹人寻味，更令室外风景一览无余。如此巧妙运用，让整个空间格外通透，有一种置身无垠的开阔；更见主人的从容豁达。

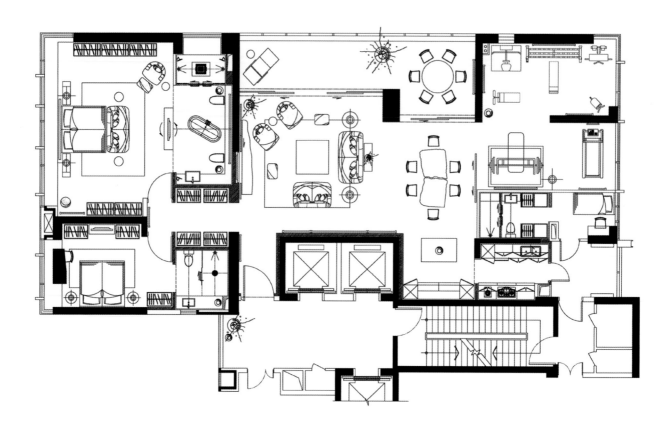

平面图

装饰品陈设

在深圳华侨城高宅的设计中，高文安非常注重文化元素的构成，用设计模糊掉时间的概念，将中西方古代文化元素熔为一炉，挪用古代元素作为装饰，融入现代生活，是生活空间，亦是微缩的世界文化博览馆，琢磨出古今交流的艺术殿堂质感。高文安对客厅所挂油画异常喜爱。1989年高文安由澳洲买回后，一直珍藏在香港元朗的家中，如今随高文安的足迹从香港迁到深圳。高文安一直乐于与人分享。二十几年前，偶然在香港拍得一件拥有过百年历史的龙袍，他即特意请匠人将龙袍镶在两块透明玻璃中，摆放于他的

咖啡馆 MY COFFEE 供人观赏。移至此宅中，他再次发挥奇思妙想，辅以悬挂轮滑装置，用作餐厅与健身房之间的移动隔断，又可充当背景墙，一举两得。信步居所中，所见都是历史悠久的老物件，或不可多得的艺术品：客厅天花的装饰是在意大利买回来的老建筑屋顶，买的时候高文安只觉得上面的手绘很有意思，置于天花板的设计可谓神来之笔。改造成电视墙的老式木屏风，轻描梅兰竹菊的君子之仪；土耳其的木柜和拼接旧地毯，从威尼斯漂洋过海而来的古董镜；在这里都适得其所，相映成彰。而主卧浴室中已绝版

的中国十二花神玻璃画，和客卧的四大金刚雕塑坐镇，述说着主人身上丰富的人生阅历和中国血脉，是回归本心，更充满了每走一步都穿越地域国家乃至时空的美好错觉。次卧室床头悬挂的油画，是高文安命题，由画家俞晓夫历时四年倾心完成的"司马迁回乡"，对中国古典文化的向往，始终是高文安心念的执着。他认为华夏文明是最值得反复咀嚼的精粹，而他所倡导的中国设计之所以与其他国的设计不同，是因为拥有深厚的文化底蕴。

家具设计与材料使用

随处可见的"木"，几乎遍布每一个空间，从单是设计手稿就改了十次的特制木地板、粗糙原始的复古木柜，到主卧床头的整块原木床头板、阳台的长条枕木装置，甚至连大门把手都是由一块5厘米厚的实木面特别改造而成。究其缘由，一是高文安喜爱木头的天然朴直，二是木经久不衰，在中西文化中都相当常见，如同最质朴无华的食材，最简单却最易出味。可阳刚可温暖，全看如何"烹饪"。高文安更多是保留它的原味。

心之所至，大家情怀。都知道高文安念旧，在他深圳的家里，可以找到很多旧物，客厅的皮沙发用了几十年不更换，并不是他没有更好的，事实上他并不缺价值不菲的藏品，但他仍然喜欢用旧的，用他的话来说，已经用出感情了。特别值得一提的，是餐厅八把卯榫结构的红木靠背椅，其中有四把老椅子是高文安父亲留给他的传家之宝，另外四把则是高文安为了方便招待来客，重金聘请工匠仿制，用料是同样的红木，但给他的感觉不免依然天差地别。对年逾七十的高文安来说，那四把老木椅一直是他心头爱，因为其中浓缩了血浓于水的亲情。

历时半年，由英国伦敦工艺大师纯手工制作

的玻璃餐桌。将玻璃、大理石和枕木完美结合，卯榫结构巧夺天工，不同材质的碰撞交融天衣无缝。这件艺术珍品，是为高文安深圳家度身定制，也是中国唯一的一张，其制作工艺复杂，运输安装都需特别小心，将于11月中旬漂洋过海抵达深圳，为华侨城高宅画龙点睛。

惠州中洲
湾上花园

▶ 混搭风格

设计师
江磊、杨李浩（深圳市逸尚东方室内设计有限公司）

软装设计
江磊、林叶（深圳市逸尚东方室内设计有限公司）

摄影师
陈彦铭

面积
230m²

主要材料
大理石、桃花芯木、虎木、刻花不锈钢、皮革、刺绣

项目地点
中国，惠州

在项目设计之初，设计团队就一直在思考，在惠州中洲湾上花园的业主是怎样一群人？他们应该是看过大千世界，又重新回归到东方审美上的精英；是具有人文情怀，需要在更大的空间里寻找民族归属感的绅士。于是本案的设计采用了新中式和新古典混搭风格。当中式与西式不期而遇，当古典邂逅现代，在看似矛盾与冲突的过程中一丝和谐油然而生。

东方文化的印象与欧式古典气息的巧妙融合，不落俗套地创造出一种全新的独特风格，既有远离尘世的逍遥意境，又不失低调奢华的舒适感受。每件物品都追求臻至上品，彰显业主作为拥有国际化视野的社会精英人士的眼光和品味，以及深厚的文化底蕴。好的设计，不仅仅悦目，亦赏心。

宽敞的客厅被一扇屏风隔出了一间小收藏室，是留给主人的阅读区。客厅对面的餐厅与一间小茶室相连，同样用屏风隔开，形成一个半封闭式的空间。

平面图

装饰品陈设

传统的中式魅力散落在居所各个角落，绢帛屏风上手工图案绣绘出"莺歌燕舞"的喜庆氛围，一派欣欣向荣之象。进口羊毛地毯上的花纹勾勒出牡丹清雅、端丽的风姿，透露出书香世家的芳馨气质。质朴的靛蓝色点缀着将军瓷瓶，幽幽古韵，清雅脱俗。阅读是对一种生活方式、人生方式的认同。静处卧室一隅，凝思冥想，或者喝一杯咖啡，翻翻书。造型优雅、坐感舒适的翼背椅，小巧易移动的脚踏，充分满足使用功能，又是一件细节精湛的艺术作品。光影透过屏风隐隐若现，屏风隔而不断，为空间增添一份隐秘与静谧。

家具设计与材料使用

明式韵味圈椅古朴典雅，也寓意着"天圆地方"
的宇宙观。欧式黑漆家具描上金箔，立体感
凸显。大体量欧式风格沙发、茶几烘托出雍

容奢华高雅气氛，在设计与生活中演绎华贵，
缔造贵族风范。

索引

作者简介

龙涛

软装设计师培训机构——易配者软装学院创始人，全案设计大奖——易配大师奖组委会主席，中国智能装饰电子商务研究中心副主任，软装行业商业策划专家，中国软装行业营销策划大师，软装设计网络培训的领军人物，"硬装＋软装＝全案设计"理念的引领者，"硬装＋软装＝全案设计"设计大奖赛发起人，软装行业顶层商业模式实战教父。

人物经历

龙涛有 9 年软装设计经验，8 年软装行业营销策略实战经验。2014 年进军软装设计师培训行业，通过互联网在线教育模式，把传统的软装设计师培训搬到网上教学。通过三年的快速发展，所创立的易配者软装学院已经成功地成为软装设计师培训领域的佼佼者。

著作

《室内设计师赚钱秘籍》《如何打造极致软装方案》

《室内设计师如何实现年薪百万》《软装行业营销赚钱秘籍》

《装饰行业转型互联网营销白皮书》《你就是设计大咖》

图书在版编目（CIP）数据

家居空间与软装搭配 . 豪宅 / 龙涛编 ; 孙哲译 . –
沈阳 : 辽宁科学技术出版社 , 2017.9
  ISBN 978-7-5591-0308-6

  Ⅰ . ①家… Ⅱ . ①龙… ②孙… Ⅲ . ①住宅－室内装
饰设计 Ⅳ . ① TU241

  中国版本图书馆 CIP 数据核字 (2017) 第 141159 号

出版发行：辽宁科学技术出版社
　　　　　（地址：沈阳市和平区十一纬路 25 号 邮编：110003）
印 刷 者：鹤山雅图仕印刷有限公司
经 销 者：各地新华书店
幅面尺寸：215mm×285mm
印　　张：17
插　　页：4
字　　数：220 千字
出版时间：2017 年 9 月第 1 版
印刷时间：2017 年 9 月第 1 次印刷
责任编辑：于　芳
封面设计：关木子
版式设计：关木子
责任校对：周　文

书　　号：ISBN 978-7-5591-0308-6
定　　价：298.00 元

联系电话：024-23280367
邮购热线：024-23284502
http://www.lnkj.com.cn